J.J.P.奥德
谈荷兰建筑
Holländische
Architektur

[荷兰] J.J.P.奥德　J.J.P.Oud　著
刘忆　译

重庆大学出版社

新版寄语

写于1929年

我认为文章的组织结构十分重要，因此在此次新版中保留了初版的所有内容，未做删改（引用图片也都未做变动）。

在以前的文章中添加新的内容是不可避免的（比如"荷兰现代建筑发展渊源：过去、现在与将来"），我将新添内容单独收录，并添加了新的图片，当作"后记"章节。在此进行预先说明。

新版还收录了两篇短文，分别是"是与否：一个建筑师的自述（写于1925年）"和"新建筑走向何方：艺术和标准（写于1927年）"。这两篇文章只是为了进一步强调，成长中的建筑艺术需要的是一种健康的理念，而不是僵化的教条。

由于文章之间的逻辑关系无法一目了然（主要是内部联系，而非外在关系），所以我们需要阅读全书来理解。这样，一些自相矛盾的地方也将迎刃而解。

在介绍荷兰建筑时，我加入了一些荷兰建筑师在斯图加特[1]的作品，这或许有些不合常理，但在我看来却是合情合理的，因为正如"我的自述"中所言，荷兰建筑意在超越自己的固有定义。

目录

我的自述

和人们所期待的不同，我要展现的不是一幅描摹历史的静态图像。

我不是艺术史学家，而是一名建筑师。对我来说，未来比过去更有意义，比起研究曾经发生的事件，我更擅长感知即将出现的潮流征兆。

但预测同样来源于回顾：过去启发着未来。这一观点引发了关于荷兰建筑的讨论。

诚如一位朋友所言，我采用了一种十分"讨巧"的方式：摊开荷兰建筑发展历程的画卷，在历史的掩映下展现自己的思考！他的话有些道理，而这也是最好的处理方式！

不过荷兰建筑的发展过程在我眼中是一条直线，即使其他人认为这是一条曲折的道路，我也依然坚持自己的观点。我所关注的重点是这条笔直的发展路径，书中展示的案例只起到辅助说明的作用。

读者大可以将此视为一种个人观点，但我的目标始终坚定：追求最基本的共性！我们尝试以荷兰建筑为出发点，找到这个时代共同的建筑思想。

讨论必须化为行动，话语必须化为实践！

我的学究式文风可能会给阅读带来不便，为了减轻内疚感，我附上了相关作品的图片，请读者原谅我的自以为是吧。

未来的
建筑艺术及其
建筑学潜力

本文写于1921年。虽然如今（1929年）现实情况已经发生了变化（变得更好了！），我还是不愿修改这篇文章。其中的原因我在"新版寄语"一文中已经提到，而且文中所展现的变化趋势大体上无须修正。正如"我的自述"一文所言，现在在我眼中似乎只有绘画的内涵受到了某种过分的强调。

建筑艺术如今正处于至关重要的发展阶段，但从目前的趋势来看，这个阶段的意义仍未得到足够重视。

在学院派（Akademismus）式微之后，一股创新的力量正在打破陈规，其最终方向现在刚刚开始显现些许蛛丝马迹。

罗斯金（Ruskin）的理论认为美的最高真理源于抗争，在他的影响下产生了一个错误结论，那就是创新既是创作的高潮，也是创作的终点。

生命是一场抗争，而最伟大的艺术是抗争胜利的结果，也是生命的自我满足与实现。我们这个时代的精神、社会和技术上的进步无法体现在建筑艺术中。现代建筑不但无法超越它的时代，甚至无法跟上时代的脚步，有时还阻碍着生活的必要发展。建筑涵盖的内容中值得一提的只有交通、健康护理，一定程度上还有住房紧缺问题。建筑艺术的目标不再是用优美的形式实现最理想的居住方式，而是抛弃早期确立的所有审美观念。这些观念在时过境迁之后变成了限制生活发展的因素。起因和结果相互颠倒，因此在建筑行业中不是每一件产品都能及时应用技术进步的成果，它们首先受到主流艺术理念的检视，二者的立场常常发生冲突，大多数时候，产品只能竭尽全力在建筑的面前站稳脚跟。

镜面玻璃、钢筋混凝土、钢铁、机器制造的建造石材和装饰石材等材料或多或少地证明了这一点。

※　　　　　　　　　　　　　　　　　　※

没有比建筑更难改革的艺术了，因为没有一种艺术像建筑一样，形式必须由材料决定。而且千百年来也没有一门艺术比建筑更多地受到外形传统的约束。

建筑不知道如何通过破坏来优化重建：它永远向前发展，从不向后回顾。即使为了适应环境的不断变迁，有必要打破其外在形式，建筑也从未这样做过。文艺复兴建筑建造于哥特式建筑之上，哥特式建筑建造于罗曼式建筑之上，罗曼式建筑建造于拜占庭建筑之上，以此类推。支撑与荷载、拉力与压力、作用力与反作用力之间的力量平衡决定了建筑的本质，这种本质却并未随着时间的变化发展为纯粹的表现形式，而是罩上层层面纱之后包裹在梦幻般的建筑表皮之下。

※　　　　　　　　　　　　　　　　　　※

这似乎是一个真理：只有通过对传统形式的不断传承或提炼，只有在早期所有活跃的材料的尝试经历挫折和改善之后，建筑才能继续深化，获得价值。

然而传统的真正价值只来自内心，来自生活感悟的艺术表达中。确切地说，传统的意义在于艺术的抗争，而非屈服。

艺术的准则是一个时代的生活体验，而不是传统的形式！

※ ※

对生活的感受从未像现在这样动荡不安，从未面临如此尖锐的矛盾。局面空前混乱。现实的价值遭受威胁，但始终富有吸引力；精神的价值刚刚兴起，却不受人们待见。尽管如此，生活一定会得出一个必然的结论：精神战胜现实。

机械技术取代了动物劳动，哲学取代了信仰。过去死板的生活体验已被埋葬，生命机能的自然规律被打破。崭新的精神生命逐渐成形，从陈旧的肉身中释放出来，并寻求一种相互平衡的状态。新的生活体验出现了，它暂时以一种尚不均衡的方式呈现出来。新的生命节律正在形成，其中涌现出大量新的美学力量和形态典范。

建筑艺术有义务反映其时代的文化，唯独建筑精神不受这些纷繁现象干扰！

※ ※

美学观念上的生活新体验以开创性的方式首先出现在绘画和雕塑艺术中。由于生活本身尚未到达平衡状态，这种建立在真实生活之上的新兴艺术理念也无法赢得这场斗争（战胜悲剧性的命运）。但斗争在这里不是目的，而是一种手段，一种获得精神自由和纯粹之美的手段。

虽然尚未找到自己的平衡节律，但这种新的生活体验已经反映在未来主义（Futurismus）通过绘画手段协调时间与空间的探索中，反映在立体主义（Kubismus）介于现实与抽象的挣扎中。如果说未来主义是一种结合了电影与绘画艺术的新兴动态艺术的雏形，那么立体主义则常常蕴含着某种潜力，可以作为过渡形态引导人们走向一种新生的、伟大的绘画艺术。

立体主义摇摆于抽象构成形式与对物质本质的深度哲学探索之间，随后它将目光投向生命表里如一的本来面貌，它热爱并推崇生命的形式，但实际上又抛弃了生命的外在表现形式，立体主义体现了这一过渡时期的悲剧性。

立体主义的手法起初主要是写实的，而本质上又是革命性的，随后它通过拆解实体形式完成了从实体到精神的过渡，换句话说，这是从描摹到创造，或者从二维到三维的过渡。

它的精神理念受到内在力量的驱动，逐渐取代了随机选择的自然实体。多余的部分逐渐削减，形式越发紧凑，色彩渐渐平面化，最终催生了一门纯粹的绘画艺术。它单纯采用绘画的手段，通过协调位置与尺度的关系将色彩转化为空间，以这种形式存在于画作之中，所以它对色彩元素发展的重要影响便可以体现在未来的建筑艺术中。

※   ※

作为所有艺术门类中最有文化影响力的一种，建筑艺术的内涵暂时没有受到立体主义酝酿阶段的干扰，它在精神上与曾经激发立体主义的革命情绪保持距离，却在外形上依赖对其他因素的滥用。它无法为了追求一种更具精神价值的理念而克制自己对于冗余装饰的天生喜爱，而这种精神理念直接构建了建筑艺术的本质和充满张力的力量平衡关系。

其自身精神力量中欠缺的部分将会在环境的驱使下自然形成。

建筑艺术不像自由艺术完全来源于精神创作，它还受到其他因素的影响：规则、材料和构造。它带有双重目的，兼具功能和美观。正如精神性因素随时间流逝发生变化一样，与材质有关的因素也不断进化，随后却受到阻扰，只能暂时停滞不前。这种情形不仅出现在建筑中，同样也出现在工业中。不过，当工业产品美感降低，使用价值升高之时，主流艺术观念就会减少对其外形设计施加的阻力。

因此，主要遵循实用原则、仅具有少量美学价值的物品可以摆脱艺术的关注，采用尽量满足功能要求的纯技术性造型。随后，人类迫切的美学追求令这些物品自发地超越单纯的技术，发展出基本的美学形式。

汽车、蒸汽轮船、游艇、男装、运动装、电子产品及卫浴产品、餐饮器具等忠实地反映了时代需求，第一时间体现了新型美学形式的各类元素，并由此发展新艺术的外在形式。这些产品在新型（机械化）生产模式下，通过削减装饰、精简形式、将色彩平面化，通过优化的材料比例和简洁的作用模式，对建筑的现代形式产生了间接的促进作用，并和其他直接因素一起催生了建筑对抽象形式的追求。这种追求目前体现在对传统形式的精神化中，而不只是新型生活意识的一句口号。

这种对抽象的追求仍然没有起到积极的作用，它是生命退化的后果，而非生命进化的成果。除了不确定的形式之外，它主要表现为美感的缺失和精神的紧张。

※   ※

即使现代建筑发展到了最高水平，人们也并不清楚为何在外形的整体节奏中，以及相互关联的组件构成的平衡体系中存在着这样的紧张感。在这个体系中，各个组件的美感相互促进，不管是独立看待还是作为一个整体，每一个组件在位置和尺度关系上都紧密相连，任何一丝微小的变动都可能彻底破坏这种平衡。

当今建筑艺术要以自己的方式达到这种平衡，仍有赖于装饰的运用。

通过使用装饰，我们可以从外观上修复建构平衡关系中的每一丝差错，弥补窗、门、烟囱、阳台、凸窗、墙漆等建筑元素在艺术设计上的每一次失误。装饰是挽救建筑的万用灵药！

建筑若要褪去装饰，就需要极其纯粹的建筑构成。

※   ※

在以上因素的间接影响和接下来即将涉及的因素的直接引导下，出现了一种追求无装饰建筑的趋势。这类趋势曾多次出现，又多次消退，因为主流观念中美和美化互为彼此，也因为人们相信美化装饰是人类永恒的需求。而这种需求要求艺术承担不必要的功能。一切装饰行为在艺术中都是次要的，比如无用的小垂饰，是一种内在差错的外部修饰。而在建筑中，只有当设计无法自行达到审美要求时，才有必要进行装饰。

对建筑这个有机整体而言，装饰意味着外形的和谐，而非内在的活力，它始终只是形式的组合——或在文艺复兴中浮于表面，或在哥特时期深入骨髓，却从未产生反差和张力。

建筑艺术的发展历史表明，它从诞生开始就携带着失败的种子。第一座小屋建成之后，人们加以装饰，并为功能与美学延续数百年的不同步性和双面性埋下了因果，美与美化因此混为一谈，如今阻碍了纯粹建筑艺术的产生。

直到今天，一种自发、自觉的建筑艺术终于在环境的驱使下，由于审美理念的发展成为现实。这种建筑没有凌驾于其他艺术种类之上，而是和它们有机地融为一体，这种建筑一开始便感受到构造的美感，也就是通过充满张力的比例关系令构造超越对材料的依赖，上升为一种美学形式。

这种建筑无法忍受装饰，因为它是一个自成一体的、可以塑造空间的有机体，在这里一切装饰都将成为一种对普适空间的孤立和限制。

※   ※

建筑艺术的发展过程十分复杂，因而很难用两三种因素进行解释。这是一系列不同程度人文关怀力量的相互协作，在这里，偶尔出现在我们眼前的种种迹象都能更清晰地显现出来。与建筑艺术关系更为直接的因素是不断变化的生产方式和新型材料，它们为形式的革新做了相关准备。

※   ※

机器生产取代手工业是社会和经济发展的必然结果，建筑工业也开始涵盖更为广泛的领域。对机器生产的应用一开始受到唯美主义者的强烈抵制，它却克服一切阻力传播得越来越广——从次要的辅助材料到重要的外部构件，并对形式产生了关键性影响。

这一点目前仅仅体现在细节中，细节在此不过是花纹状的、形态化的装饰——而这些细节正是主流建筑理念的精髓所在。古典风格建筑中的细节还比较客观实用，而在学院派式微之后重新兴起的中世纪流派*的影响下，装饰逐渐发展，获得了越来越强的独立性。

细节之于现代建筑师，正如琴弦之于提琴演奏家——这是表现内心触动最完美的方式。建筑师越主观，细节就越有表现力。因此细节的最大潜力蕴藏在手工业中。中世纪是手工业以及细节的黄金时代，手工业的衰落同样也意味着细节的消逝。

使用手工制造的细节没有稳定的形式和颜色，但可以围绕一个主题发展出无数变体，而使用机器生产的细节则有着确定的形式和颜色，形式完全一致，细节类型相同，并且制造同时完成。于是其中便缺乏一些手工细节所拥有的丰富表现力，所以我们需要将建筑的独特意义深深植入细节之中，并考虑它在建筑这个整体之中的位置和尺度，也就是它与其他建筑构件之间的关系。这个过程在于对建筑构件内部相互关系的把握，而不是对建筑不同构件的划分，也就是说，未来建筑的特色形成于建筑的有机整体中。

于是建筑构件失去了它的装饰作用，又重新回到相互关系上来，也就是得结合全貌来看待它的形态和色彩。

※   ※

现在，不仅生产方式发生了变化，而且以钢铁、镜面玻璃和钢筋混凝土为代表的建筑材料也对现存建筑形式产生了革命性的影响。传统的建筑形式已经无法演化出适合这些材料的新形式，正好相反，传统形式还阻碍了对材料潜力的充分开发。起初，我们热切地盼望着创造出新的钢铁建筑，但因为我们没有认清钢铁的美学用途，它在不久之后就失去了主导地位。

相比只能通过触摸来感受的镜面玻璃，钢铁作为可见的实体材料具备了塑造平面和实体造型的功能，没想到利用钢结构的特性还可以使用最少的材料获得最大的支撑力，这在桁架结构中体现得最为明显。使用合理的应用形式，钢铁也可以拥有通透的外形，更加开放，不再封闭。因此它对于建筑的价值在于虚的设计，而不是实的造型。换句话说，这是为了和墙面的封闭性形成反差，而不是为了展现墙面。

※   ※

在镜面玻璃中这一点更为明显。使用玻璃，便无须再在我们熟悉的木头框架划分出小小的门洞和窗洞——虽然有开洞，但视觉上的封闭感与墙面无异。

一块玻璃在建筑中产生的是开放的效果。玻璃必须以一定的规格生产，因此需要进行分割，如果分割较多，就只有使用钢铁框架来保证足够的稳定性，玻璃也不会因此失去它的开放性。

在实践中，只有将玻璃作为开洞来处理，才能同时满足建筑中结构和美学的要求，换句话说，观者能够体会到这是借助实用的支撑结构自然融入建筑整体之中的。

在此基础上充分地运用钢铁和玻璃，或许我们将来能以完全理性的方式大幅消解建筑的外在重量，从而增强开放性元素在建筑中的效果。

※   ※

钢筋混凝土的充分应用始于观念的统一。

和砖石材料对建筑形式的限制相比，钢筋混凝土强大的美学潜力可以在广泛而长期的使用中释放建筑设计的自由。

使用砖石材料时必须遵守特定的规格比例，而拱券形式同样由砖块规格决定，这些都对砖结构的应用形式产生了极大的束缚。

另外，除了一些将砖块悬挂在铁丝上的结构变体之外，砖石材料不擅长承受拉力，难以建造重要的水平横跨和悬挑结构。砖块和木头、钢铁、钢筋混凝土等后期辅助材料搭配形成的混合结构不够均匀，无法提供令各方满意的解决方案。如果不再施以抹灰，我们就无法用砖头砌出一条平整简洁的直线或一块完全均匀的表面。这个问题可以通过使用小尺寸的砖块和大量的砖缝来减轻。

而使用钢筋混凝土则可以将支撑的构件和受到支撑的构件均匀地融为一体，还可以扩大重要结构的水平跨度，塑造纯粹的平面和实体造型。此外，和旧式的梁柱体系中结构从下到上逐渐缩减不同，钢筋混凝土结构还可以由下至上逐步扩建。终于，一种新的建筑造型出现了，在建筑构造的支撑下，它和钢铁以及玻璃一起赋予了建筑几乎漂浮悬空、仿若通透无形的特质。

※ ※

我最后将要提到的是建筑改革中最后一个重要的直接因素：色彩。

色彩元素在现代建筑中总是不幸地遭受忽视。

一方面，色彩出于绘画的主观需求体现在个例中，体现在自由艺术、应用美术以及装饰中；另一方面，如今常用的建筑材料本身在色彩方面遇到了诸多阻碍，如果不改变材料，便无法奢求改善这种状况。这样看来，建造墙壁的材料便尤为重要。

墙体材料通过体量和颜色主导了几乎每一座现代建筑的面貌。因此当色彩均衡时,一座建筑的外立面效果在选好墙体材料的那一刻就已经定型了。墙体材料的画面风格在于生动性、层次和氛围,因此整个建筑的色彩也由层次和氛围决定。

在我们这个砖砌建筑占据主导地位的国家(荷兰),情况始终如此。和大多数使用手工技术生产的材料一样,砖块的画面效果不在于总体呈棕灰色的色调中,而是在颜色的浓淡和色彩的层次中。纯粹的明亮色彩却不受重视,得不到表现。它们或褪色,或被压抑在大面积的灰色之下。

除此之外,和颜料相反,砖的颜色性质会受到外界因素影响。颜料的颜色是稳定的,至少应该保持稳定,而砖的和谐色彩受制于一种不稳定性,于是最开始的和谐在几个星期之后可能就变成了一种失调。这种失调带着强烈的色彩更加醒目地跃入眼帘,而不是一种中庸的颜色,一种状态,一种在乡村常见的对石灰色和深绿色的喜好。

除了以上原因之外,砖的使用还不断阻碍着色彩的发展。

这样看来,砌面砖、瓷砖以及墙面粉刷等材料已经发展得较好了。

将抹灰和混凝土表面处理得平整而浅淡的方法很快涌现出来，正是这些加工处理为建筑色彩的发展打开了重要局面，它或许可以和上文所述的新型建筑形式一起彻底地改变建筑艺术的总体面貌。

※   ※

总而言之，从现代生活环境中理性发展而来的建筑无论如何都会与迄今为止的建筑艺术产生冲突。它没有陷入干巴巴的理性主义中，大体上是客观的，而在这种客观性中已经显现出更高级的内涵。就我们所知，受到瞬间灵感启发生产的产品缺乏技术含量，呆板而松散。现代建筑艺术则完全相反，它面对眼前的挑战，完全投入其中，试图通过客观的技术手段构建具有清晰形态和简洁比例的有机体。原始的材料，易碎的玻璃，表面的触感，衰退的色彩，融化的釉料，剥落的墙体等自然状态被工业生产的魅力超越。这种魅力来自成型的材料，通透的玻璃，表面的打磨和抛光，色彩的光泽，钢材闪烁的微光，等等。

于是建筑发展的趋势指向一种建筑艺术，它很早以前就在本质上和材料紧密相连，这种联系之后将反映在外形上。它独立于一切印象派氛围塑造手法，从对光线的填充发展到纯粹的关系、直白的色彩和有机而鲜明的形态。在去除一切多余之物后，它可以拥有超越古典传统的纯粹性。

荷兰现代
建筑发展渊源：
过去、现在与将来

和其他许多源远流长的事物一样，当我们谈论荷兰的现代建筑时，总是很难决定话题应从何说起，又应在哪里戛然而止。现代主义的起源无从确证，所以我的演讲也从混沌中开始。

我们这个时代从过去传承发展的只是散落的片段和章节，我们试图从中总结经验，树立准则，令后来者遵从并发扬。

如今现代主义已经得到了很多关注，甚至是过多关注，我无法完全认同这一现象。这些"现代"的、与时俱进的，同时又受限于时代的事物，在艺术的繁荣时期将会有力地驱动，并极大地充实艺术家的创作。但我不相信促使某种风格"自行"产生的所谓的"内部驱动力"。"风格"永远建立在某种秩序或需求之上，即使它并不一直都像文艺复兴早期那样意志鲜明。

不过有一点可以肯定，没有什么事物比"现代"更加局限和易逝。正因其善变的本质，所以它的形象始终在变化，而且不得不变化。

我们认为"现代"是"变化中的"（Wechselnde），因其本质是"成长中的"（Werdende），或者说是"自我发展中的"（Sich-Entwickelnde）。所以"现代"不一定永远是"创新"。"现代"是独立的结果（Individuell-Werdende），而"创新"（Kollektiv-Werdende）则是集体的产物，和艺术发展有着本质区别。我将在接下来的内容中不断提及这一区别的重要性。

我们将"现代"和"创新"定义为独立成果和集体产物，那么正如我一开始所说，"现代"或"创新"的起源无从谈起。因和果紧密相连，密不可分，永远伴随着事情的发展相继出现：事物没有开头和结尾，只是持续不断地运转。

我们仍然试图从这种永恒的运转中寻找切入点，这只能在"时期"中寻觅：通过划分不同的时期，我们发现事物发展过程的跳跃性更甚于连续性，发展的过渡阶段也体现得更为明显。

这些因素实际上无法清晰地界定建筑，而库贝（Cuijpers）[2]的参与开启了荷兰现代建筑的革新和成长。这得益于这位建筑师清晰的表现手法，也归功于他出众的个人品质。

对浪漫主义和古典主义风格的模仿循环往复，在帝国时代结束之后仍然统治着荷兰建筑。但这种模仿却在库贝手中第一次强烈动摇了自己审美上的骄傲自满。传统形式熟练使用客观实物，缺乏真实感受，一如所谓的风格建筑[3]。对此，库贝提出了一种主观的基本艺术理念，这种主观理念对今天的建筑有多大的促进作用，就能对荷兰建筑未来的自由发展产生多么强烈的破坏力。

虽然库贝为建筑艺术带来了活力，自己却未能摆脱对风格建筑的主观诠释。他仍然不时使用古典形式进行创作，特别是在诸多教堂项目中，他满足于做一名维奥莱·勒·杜克（Violett le Duc）[4]的忠实学徒，主要采用哥特式的形式语言。除对哥特形式的偏爱之外，他还把重点放在哥特式的理性建构法则中。除了复兴建筑的生命力之外，他也为促进理性主义（Rationalismus）做出了贡献。理性主义的价值随后在荷兰建筑中，特别是在贝尔拉格（Berlage）[5]的作品中体现得尤为明显。

可以说，库贝奠定了荷兰新建筑的重要精神基础。下一代建筑师中的先驱者志在以尽量合乎逻辑、目标清晰的方式坚持已经体现在他的作品中的、尚未十分明确的原则。他们一边坚定地追求理性主义，一边不断努力，试图将本能的感受重新引入建筑之中，这是我们在学院派（风格）建筑中前所未有的体验。这两种追求在诞生之初相互依存，而本质上其实互相冲突，它们之间的矛盾在后期发展中表现得尤其明显。

除了下一代建筑师和库贝理念之间的内在联系之外，在早期现代主义建筑身上，尤其是在接下来即将提到的贝尔拉格的设计和建成作品中，也可以找到与库贝晚期世俗建筑中使用的形式语言的明显关联。在这里我们很容易联想到阿姆斯特丹国家博物馆（图1）和阿姆斯特丹中央车站（图2）两个项目。

图1　P.J.H.库贝（P.J.H.Cuijpers），阿姆斯特丹国家博物馆，1876年

图2　P.J.H.库贝，阿姆斯特丹中央车站，1880年

所幸库贝的世俗建筑没有对这些早期的现代建筑的形式产生很大影响。我们的新目标是将建筑从形式语言中解放出来，而不是发展旧的形式。除此之外，在脱离旧的形式之后，新的形式对成长中的建筑艺术产生了明显的积极影响。若要深入研究这个发展过程，我们就要回到库贝这里。贝尔拉格为阿姆斯特丹证券交易所所做的一系列初步设计方案在这方面极具启发性（图3—图6）。

不幸的是，探寻本质的艺术理念虽然获得了整个现代艺术运动的实际支持，一直以发自本能的自由创造为目标，但是之后却一再被证明不过是备受威胁的传统形式的延续。

包含艺术表现在内的所有现象都遵循因果规律发展，其间产生了各种过渡形态，或有规律地逐步进化，或无秩序地改革突破。进化是先建设再破坏，改革则是先破坏再建设。后者实际上仍然无法摆脱因果关系的影响，而且不过是肤浅地遵从先例。

不要忘记，我们的创造力确实不足，与其麻痹自己，我们更应痛定思痛，不断努力，修正这种不足。艺术一直坚持自我更新，不只是为了创造形式，也是为了打破形式。破坏、建设，建设、破坏——这是艺术进化过程的循环流动。

破坏与建设两个极端之间的反差越大，艺术的绝对价值就越小，艺术的发展却更为活跃。从未来主义、立体主义、表现主义（Expressionismus）等流派及其理想化身达达主义（Dadaismus）的实践中，我们可以找到打破现有艺术形式的依据。

在荷兰建筑发展了数百年后，破坏与建设的过程从库贝这里才真正开始，只有经历这个过程，我们才能到达艺术创作的原点。

如果说 K. P. C. 德 · 巴泽尔（K. P. C. de Bazel）、J. L. M. 劳瓦里克（J. L. M. Lauweriks）和 F. A. B. 德 · 古鲁特（F. A. B. de Groot）等建筑师的作品令人铭记，那么贝尔拉格则对荷兰建筑的重大发展做出了主要贡献，他因此被奉为引领新荷兰建筑艺术的先驱。虽然是库贝打破了对历史形式模板的麻木重复，但在贝尔拉格这里我们才正式与风格建筑决裂。在库贝停下的地方，贝尔拉格踏上了征程。

贝尔拉格是戈特弗里德 · 森佩尔（Gottfried Semper）[6]的学生。在贝尔拉格刚刚开始职业生涯，还未因理性主义闻名之时，他便在作品中以各种方式使用传统形式，并从不同角度对其进行汇集整理。他在阿姆斯特丹市中心卡弗街上的一座商场中使用过文艺复兴样式，在米兰大教堂的立面设计竞赛方案中借鉴过哥特式样式，最后将一连串古典式、哥特式和文艺复兴式形式杂糅，运用在为一座陵墓所做的宏大设计方案中。这是风格建筑的理想化身（图7）。

图3　H.P.贝尔拉格（H.P.Berlage），阿姆斯特丹证券交易所方案初稿，1897年

图4　H.P.贝尔拉格，阿姆斯特丹证券交易所方案二稿，1897年

图5 H.P.贝尔拉格,阿姆斯特丹证券交易所方案三稿,1897年

图6　H.P.贝尔拉格，阿姆斯特丹证券交易所方案，1898年

这个设计或许体现了整个时代的最高水平，同时也是时代的转折点。它是一份优秀的形式研究报告，同时也完全陷入了建筑发展的死胡同。

建筑不可能走向这种对形式的空洞应用。除了对设计的深化之外，它对建筑的进一步发展百无一用。

库贝曾经通过对风格建筑的主观理解来竭力效仿这种设计，贝尔拉格则越发意识到这种间接手段的不足，逐渐总结库贝的理念产生的后果，坚持不懈地追溯建筑形式发展的原点。他希望从原点出发，遵循有机规律，由内向外地形成直接的建筑设计手法。

正如前文所述，这种改革同时需要创造和破坏的力量。因此创作的过程很难迅速明朗。更有可能的是，建筑师从一张混乱的图像开始，树立自相矛盾的目标，结果连单纯的审美需求都无法满足。在贝尔拉格最早期的现代主义设计中也是如此。

然而，我们只能以绝对的标准来判断艺术作品的内涵，以相对的标准来评价实践的意义。虽然贝尔拉格过渡时期的作品陷入这个复杂的境况之中，悲剧性甚于美感，但他的探索为荷兰建筑打开了一个拥有无限可能的视角，对荷兰建筑的未来具有重大意义。

图7　H.P.贝尔拉格，陵墓设计方案，1889年

库贝理性主义的本质不过是一种局限的审美。他对哥特式的沿用可以追溯到维奥莱·勒·杜克提出的口号，即任何建筑装饰都应从构造中产生，但哥特形式更加重视的是建筑的功能和符合逻辑的造型，而不是学院派影响下产生的建筑。

贝尔拉格的理性主义则更为注重实际，所以它涵盖了十分广阔的领域。贝尔拉格尽量运用逻辑研究各种生活方式，它们和建筑之间有着直接或间接的联系，可以说理性主义成为他的一种理性思维方式。

在这个理论范畴中，他遇到了 O. 瓦格纳（O. Wagner）、P. 贝伦斯（P. Behren）和 H. 凡·德·费尔德（H. van de Velde）等与他在很多方面志同道合的国外先驱者。于是在他们的规划下，建筑成为一种国际化的新鲜事物，虽然他们的作品目前仍然各具民族特色。概括说来，这一流派希望基于现代生活中的实际需求，以及完善而宝贵的现代科技来实现艺术的形式。它的目的是与时俱进地以协调统一的建筑形式塑造现代生活方式，并在建筑和周围环境的长期配合下产生新的建筑风格。

这种规划在今天看来依然时髦。

任何追求理想未来的艺术家对激进革命的追求都是有限度的。艺术家的自我克制不只是出于守旧，也因为对真正的建筑师而言，革命永远是一种工具，而非目的本身，真正的艺术家不会盲目追求革命，这个时代已经存在太多这样的盲目者。假如一个人带有强烈的倾向性，那么在他心中对问题的焦虑从一开始便会超过对艺术的爱，接着他会更加努力地追赶，同时内心受到触动。慢慢地，矛盾逐渐缓和，终于对艺术的爱超越对问题的焦虑，他的感受超越了追求。于是他完全沉迷于艺术之中，扩大自己的能力范围，然后才顺带思考最开始的那个问题。

在贝尔拉格的作品中也是如此，在他作为先驱者对社会变革产生难以估计的影响之后，作品中破坏性与建设性倾向之间的矛盾互相调和，对艺术的爱超越了对问题的焦虑。于是他作为艺术家创作了一些完美的作品，在这些作品中诞生了荷兰建筑艺术。他受到学院派教育的束缚，又在摆脱学院派之后获得了自由的形式（图8）。

在形式风格这个问题上，贝尔拉格的作品依然背负着许多传统的包袱。他对理性主义的深刻思考在现实中仍然局限在维奥莱·勒·杜克的狭隘理论中，他的作品的形式总是过于纠结技术构造要求，太少以实际生活需求作为基础，在这一点上建筑已经落后于时代。即使构造在整个建筑设计过程中占据主导地位，每一把椅子、每一盏灯、每一座房子的美学形式也不应该将构造要求作为出发点，而应以舒服的坐姿、良好的光线、舒适的居住、无尘的环境等实际需求为基础。我们有权将这个时代刚刚形成的生活方式提升到最令

图8　H.P.贝尔拉格，"贝多芬楼"设计方案，布罗门代尔（Bloemendaal），1908年

人满意的水平。

技术可以产生新的形式，尤其是汽车、电子、卫浴、饮食器具、医疗器具等典型产品，因为它们只需要满足生活的实际需求，无须考虑其他效用。

建筑和技术之间无法依照同样的机械美学模式获得平衡。这是由于建筑本身在满足功能之外，还需要根据场合考虑视觉关系，而技术却可以单纯根据实用目的发展。正是在技术中存在着的某种迹象，预示着一种与时俱进的基本形式将以崭新而完整的面貌出现。虽然这无法为建筑艺术提供借鉴，但或许可以产生某些激励和教化作用。

虽然贝尔拉格的形式偏重于构造，但他为适应构造方式的新建筑形式所做的努力也依旧缺乏逻辑性。他推广合理的形式来实现新的构造、材料和加工方式，在实践中却依靠改良过的传统建造手段来运用这些新技术。与其说他利用技术创造美感，不如说他是以艺术的方式应用技术。他没有去发展简洁有力的形式来与机器制造的完整且成熟的新材料相匹配、相结合，而是将自己局限于适应手工制作、充满接缝和瑕疵的旧材料所具有的细致、生动而丰富的形式中。

贝尔拉格仅仅在他晚期设计的、位于伦敦的一座商务大楼中找到了一个办法，将他的理论观点更好地付诸实践。他在这个项目中发展出了一种几乎完全不同以往的形式，自然地缓

图9　H.P.贝尔拉格，商务大楼，伦敦，1914年

和了砖石、木头、天然石材等传统材料的原始性和玻璃、钢铁、混凝土、瓷砖等新材料的精致感之间的冲突（图9）。

综上所述，在荷兰建筑以及广义建筑学中，形式还存在一整片空白区域留待发展。当贝尔拉格的理论在荷兰建筑中站稳脚跟之后，我们可以从心理上感受这些重要的变化，却难以从逻辑上进行理解。

贝尔拉格所恪守的原则和他的建筑所体现出的与其丰富工艺相反的近乎禁欲的学术精神，将其作品中的理性表达得淋漓尽致。克制中常常蕴含着和发展中一样强烈的情感，决定艺术作品本质的不是艺术家的目标，而是他追求目标的方式。

贝尔拉格的其他作品也受到同样的审视。在关于形式的激烈斗争中，他围绕有机的建筑理论进行的创作活跃而深刻，与其说这是一种理性，不如说是一种浪漫。

即使如此，贝尔拉格的创作仍然呈现出强烈的保守倾向，而且这不仅仅是追求理性的结果，还来源于他广泛而宏伟的建筑观，难得释放一次的个人自由很快又重新臣服于更高等级艺术理念的秩序之下。

一般来说，我们总要充分地利用这种新生的自由，直到它再次陷入束缚。依靠强大的自制力，贝尔拉格将源于库贝的理性和主观理论发展为理性主义。作为对贝尔拉格保守态度的某种反击，他的后辈们则竭尽全力将主观主义（Subjektivismus）发展到了极致。

这就是所谓的阿姆斯特丹学派（Amsterdamer Schule），在 M. 德 · 克拉克（M. de Klerk）、P. 克拉默（P. Kramer）、J. M. 凡 · 德 · 迈（J. M. van der Mey）等极有天赋的领导者的引领下，它将建筑艺术全面带入浪漫和幻想之中，完全不考虑所谓的风格问题。

显然，这样彻底的改革不只是为了对贝尔拉格进行反击。抹灰、混凝土、工业制砖、屋顶覆层等新兴建筑技术带来的诱惑在此也起到了促进作用。另外，建筑设计的对象越来越多地涉及世俗建筑，纪念建筑的比例逐渐减少，这或许促使人们依照更符合新建筑类型的观念大肆进行建造。而通过这种方式完成的建筑作品只能达到极低的水平。

这些细节有待更深入的研究。不过值得注意的是，联系整个发展过程，我们可以看到这种反映在德 · 克拉克早期作品"赫勒先生住宅"（图10）以及凡 · 德 · 迈作品"船屋"（图11）中的改革潮流可以追溯到风格建筑和贝尔拉格身上。贝尔拉格对荷兰建筑发展的影响自然不可否认，但却是以一种间接的方式。贝尔拉格的作品更像是从侧面刺激了阿姆斯特丹学派的兴起，而不是它的源头（图12）。这个学派的成果最终表现出一些奇异而奢华的特征，和学院派以及现代主义的寻常建筑彻底区别开来（图13）。

图10　M.德·克拉克，赫勒先生住宅，阿姆斯特丹，1911年

图11　J.M.凡·德·迈，船屋，阿姆斯特丹，1912年

图12　P.克拉默，船夫之家，
登海尔德（Den Helder），1914年

图13　M.德·克拉克，一座小城郊区的多层住宅设计方案，1916年

理性主义的一切形式完全消失，它与主观主义之间的冲突彻底激化，这种冲突只能通过调和内部压力来缓解。有机建筑的新秩序再次被彻底遗忘。建筑艺术的重心被库贝和贝尔拉格从外表转移到内在之后，现在又重新回到了外表上。建筑形式不再来源于时代的实际需求和生活的要求，外在形象成为建筑设计中从始至终关注的重点，功能追随形式。跳脱于现实的灵感和建筑制造的幻象占据了绝对优势：现实退居二线，服从表皮的主导。街景立面成为建筑设计的基本依据。

即使我们极力反对这种否定建筑艺术基本原则的建筑，也必须承认其中展现出了惊人的天赋，这在德·克拉克的作品中尤为明显。

这是一种极端的无序：门、窗、阳台、凸窗等建筑构件拥有大量形式各异、变化无穷的主题，建筑师完全根据喜好大胆地堆砌形式，经常彻底无视构造方式，因为偏爱某种材料的颜色而采用完全不适合的材料，用高超的手艺制作充满强烈个人特点的细节，在美的驱动下设计富有活力但毫无理性的雕塑——这是艺术家在创作中使用的几种基本元素和手法，他们的天才领导者们无视它们之间的差别将其粗暴糅合，最后将建筑变成一座彩色而二维的巨大躯壳。这座躯壳在街景中产生了一种强烈的动感，虽然形态复杂，却形成了一种十分新奇而且非常壮观的风格（图14—图19）。

这种立面节奏和简单粗暴的自我表现欲望无论怎么看都缺乏

图14 M.德·克拉克，斯巴达姆普兰森街住宅，阿姆斯特丹，1913年

图15 M.德·克拉克，斯巴达姆普兰森街住宅，
阿姆斯特丹，1914年

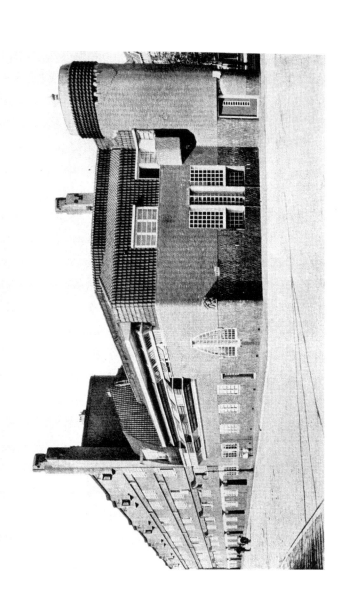

图16 M.德·克拉克，斯巴达姆普兰普兰森街住宅，
阿姆斯特丹，1917年

图17 M.德·克拉克，斯巴达姆普兰森街住宅，
阿姆斯特丹，1917年

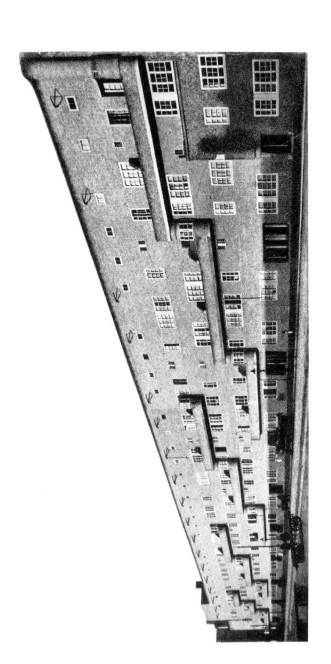

图18 M.德·克拉克，阿姆斯特兰特兰街住宅，阿姆斯特丹，1920年

图19 M.德·克拉克，花卉拍卖行设计方案，阿尔斯梅尔（Aalsmeer），1920年

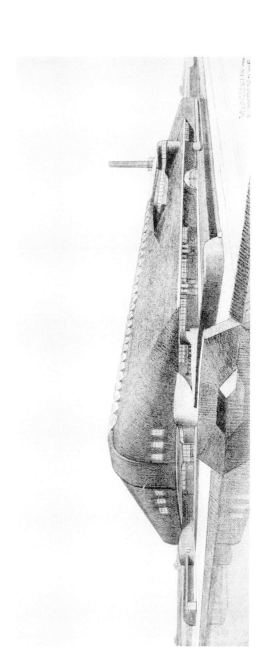

建构逻辑，这些技艺精湛的建筑体现了一种只能自圆其说的艺术世界观，他们的领导者过于沉浸于这些由天赋造就的精美形式，忽视了理性原则，结果既无法完成高水平的建筑，也无法产生普适的建筑。

即使这个建筑流派如此另类，也对荷兰建筑的整体发展具有普遍价值。即使我们对它持负面态度，它的出现也具有重要的意义。

它的贡献在于，对贝尔拉格理念旗帜鲜明的反对使得贝尔拉格的形式不至于沦为捆绑在追随者作品中的另一种现代传统。这正是伟大先驱者们面临的风险：成为典范的是他们的形式，而非根本思想。现代建筑如今还处于它的童年时期：个人对形式的任何创新都暂时只能表现为一种幼稚的形式主义，再发展为新的学术思想。我们必须不断检验形式的本质，揭露它的表象，调整它的终极目标。

阿姆斯特丹学派虽然没有考虑到这一层关系，但它对贝尔拉格形式的否定是革命性的，因为它对荷兰建筑的下一步发展持开放态度。而它对建构逻辑的粗暴对待引起了理性主义者的强烈反对，随之而来的是即将兴起的新运动——它将对风格问题重新展开更加深入的讨论。

这种新运动刚刚起步，现状极其复杂，因为其中展现出两股思潮，在直线型和立体式流派的影响下，它们表面上融为一体，本质上完全相左。

第一种思潮以伟大的美国建筑师赖特（Wright）[7]的作品为榜样，它崇拜他的作品，甚于理解他的原则。我们必须一再强调，新生的有机建筑无法建立在外在形式之上，而应产生于内在需求。任何对新旧形式传统的穿凿附会都只会将建筑从内心体验降格为品位之类的东西，也就是从对美的塑造降级为风格建筑。

这样看来，如今自由艺术的繁荣发展便独具启发性，它的某些分支与荷兰新建筑运动的第二种思潮有着或多或少的联系（图20、图21、图25—图29的例子体现出更多本质，而图22—图24则更加流于表面）。在像现代的各种"主义"一样自发追寻美观和有机的设计时，自由艺术越来越多地由内而外"构成"图像，而不是由外而内"描摹"图像。伴随着这种纯粹的美学运动，建筑必然面临被外界肤浅观点误解的风险，单纯从功能发展而来的形式也必须满足某种美观需求。不过这也是这种新兴艺术运动的意义所在，它是对形式的需求，而非对形式的定义：它根据一定的原则不断修正自己的外形，将自我逐渐从后天的肤浅堆砌中解放出来。

在摒弃后天干预，追求有机方法的过程中，在从冗余琐碎变得严谨务实的过程中，我们可以把握时代的风向，它们或讲求实用，或追求美观，或侧重材料，或关注内心。这些趋势

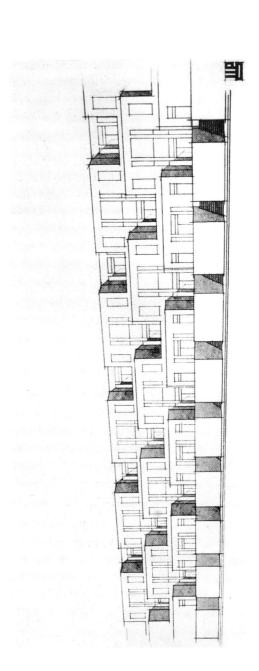

图20　J.J.P.奥德，海滨住宅设计方案，1917年

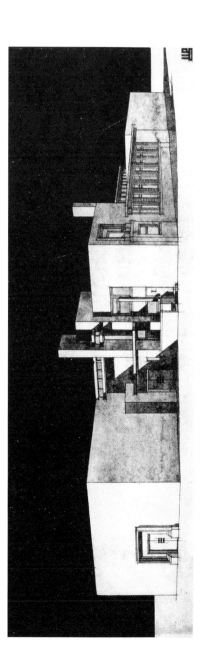

图21　J.J.P.奥德，工厂建筑设计方案，皮尔默伦德（Purmerend），1919年

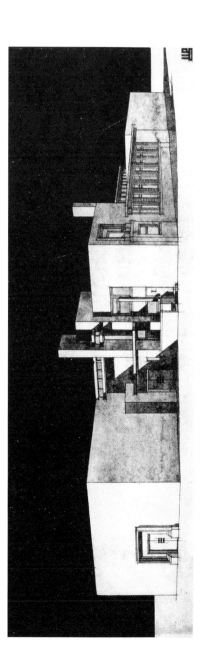

图22 J.B.凡·罗格赫姆（J.B.vanLoghem），住宅群 "罗塞哈格" 中的大厅，哈勒姆（Haarlem），1920年

图23　J.B.凡·罗格赫姆，住宅群"罗塞哈格"，哈勒姆，1920年

图24　W.M.杜多克（W.M.Dudok），学校教学楼，希尔弗瑟姆（Hilversum），1921年

图25 G.里特维尔德（G.Rietveld），卡弗街上的珠宝店，阿姆斯特丹，1922年

图26　G.里特维尔德、卡弗街上的珠宝店（室内），阿姆斯特丹，1922年

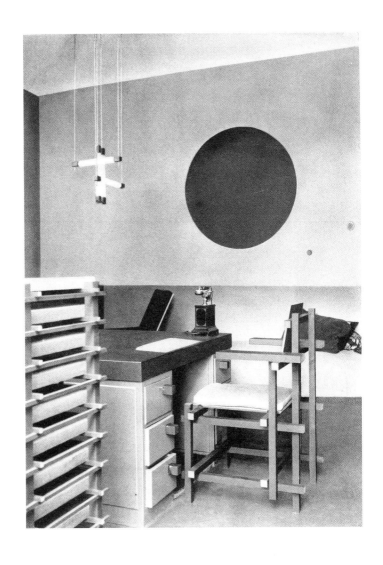

图27　G.里特维尔德，医生的诊疗室，马尔森（Maarssen），1922年

图28　G.里特维尔德，施罗德住宅，乌特勒支（Utrecht），1924年

图29　G.里特维尔德，施罗德住宅（室内），
乌特勒支，1924年

凝聚起来，齐心合力，形成了新风格的准则。

在建筑方面，这一切首先通过去除装饰来实现（图30－图36）。

建筑中的装饰就像绘画中的仿真一样不合理而且多余。它们不只是艺术品这一有机整体的构成部分，自身也形成了一个自洽的功能系统。其中存在除了类似于象征性的中世纪构造这样的外形上或者空间上的关系之外，也存在限制性的内部关系。这种内部关系随后却只能体现在外表上。因此一种双重审美标准出现了，它打破了整体的统一性，也弱化了建筑的综合性。这种综合性正是我们在各个领域竭力追求的时代精神。

虽然多种多样的建筑构件令建筑艺术相比其他设计方式更加错综复杂，但其关键因素最后可以大致归为两类。一类是功能、材料、加工方式和构造等实际因素，另一类是表现艺术情感的精神因素。精神因素将相互矛盾的各类元素紧密联系为一个美观而实用的整体，而实际因素，尤其是功能因素，则构成了建筑形式的基础。两类因素相互调和，彼此谦让，最后才能形成和谐的形式。

在这个时代，我们由于心灵的钝化只能感受到激烈、狭隘观点的刺激。除了功能以外，建筑中的实际因素完全遵循科技的发展。除此之外，技术与建筑之间还存在着明显的关联。

图30　P.J.C.克拉汉姆（P.J.C.Klaarhamer），多层住宅，
乌特勒支，1919年

图31　J.J.P.奥德，皮特兰根迪克街多层住宅项目"发夹"，
鹿特丹，1919年

图32 J.J.P.奥德，吉辛街多层住宅项目"图施恩迪肯"，鹿特丹，1920年

图33　J.J.P.奥德，塔恩德斯街多层住宅项目"图施恩迪肯"，鹿特丹，1920年

图34 J.J.P.奥德，多层住宅项目"图施恩迪肯"内院，鹿特丹，1920年

图35 L.C.凡·德·弗洛格特（L.C.Van der Vlugt）和J.G.韦本格（J.G.Wiebenga），商学院，格罗宁根（Groningen），1922年

图36 J.J.P.奥德，工人住宅，荷兰角港（沿海），1924年

一开始在现代主义运动中出现了一批支持绝对技术主义的建筑师，他们片面推崇技术，因此完全忽视了美观。随后，这些人出于对失败的恐惧变成了绝对的浪漫主义者，他们偏执地追求美观，全面否定技术，并因此再次遭遇挫败。

建筑创作的目标超越技术和美观、理解和感受，它追求的是相互之间的和谐统一。美学设计的根本依据主要来源于现实。所以我们不应该从一开始就规定不符合现实情况的形式套路，预设无法满足功能要求的狭隘美学形式，因为它粗暴地压抑了存在的合理性，加剧了生命内在与表面之间的矛盾。前文提到的立体形式建筑也是如此，它再一次将荷兰建筑禁锢在一种新的形式教条中，而非进一步发展其内在思想。消除这种矛盾需要的不是对现实的否定，而是对它的肯定。但现在缺乏将物质发展成果运用在精神创作中的意识，多么可悲的时代！

在这个时代，科技进步的魔力仍未在艺术中得到充分发挥。即使如此，各种迹象仍然表明，现实已经超越了幻想！

通过机器我们可以实现迄今为止闻所未闻的、简练而精确的形式。今天我们可以借助化学反应和工具以意想不到的方式为金属和陶瓷上釉，使用钢结构调整和减轻重量，依靠玻璃制作技术将材料弯曲和延展，利用混凝土浇筑无缝的体块，实现大跨度的悬挑，诸如此类。这些只是技术潜力的冰山一角，它们已经为投入应用做好了准备，却屡屡因触犯某些老朽、自大的艺术理念的可怜自尊而落空。

※   ※

综上所述，荷兰新建筑运动的第二种思潮试图将更多的目光放在风格和它所蕴含的建筑学潜力上。另外它还是一种对新国际风格的追求，或许可以在实践中产生有机的建筑，可以第一次使用简洁、清晰而精练的形式去除装饰，适应科技和生活的发展，为实现一种普适的美学建立牢固的基础（图37—图39）。

我试图在文中展现荷兰建筑发展与大环境之间的联系。它体现为破坏与建设之间的冲突的不断变化、调和。这样，追求新鲜和整体美感的集体转变成了激发现代性和独立艺术作品的个体。对风格的追求一再迷失在对艺术的热爱中。

这不是一种沙文主义。我们可以自豪地说，荷兰现代建筑不光促进了建筑的发展，也对个别不知名艺术家的作品产生了重要作用。但事实证明，艺术是风格的敌人。虽然我们可以从哲学的角度声称，风格不是发展的终点，只是其高潮和转折点，但最终正是这些高潮贯穿了整个历史，在强烈的艺术追求中，最大限度地满足了人类的美学需要。

写于文德（Wende），1922—1923年

图37 勒·柯布西耶 - 索格耐尔（Le Corbusier - Saugnier），乡村小屋，沃克雷松（Vaucresson），1923年

图38　W.格罗皮乌斯和A.迈耶（A.Meyer），剧院，耶拿（Jena），1922年

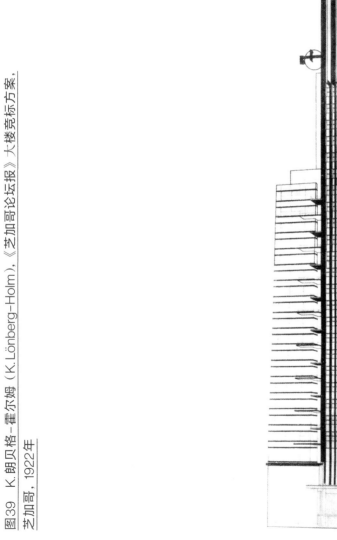

图39 K. 朗贝格-霍尔姆 (K. Lönberg-Holm),《芝加哥论坛报》大楼竞标方案,
芝加哥, 1922年

后记

自成文以来，荷兰建筑总体上已经丧失了自己的步调和活力。受到外界的过多追捧，过于沉浸于自我满足之后，荷兰建筑彻底地资产阶级化，沦为一种肤浅的 "水准"，只能为一日游的游客带来乐趣。

"国际主义建筑" 流派很早就曾出现在荷兰，又以意想不到的速度传遍了整个世界：从日本到丹麦，从俄罗斯到美国。在此期间，荷兰却打起了瞌睡。

如今文中对某种 "风格" 的追求已经在国际上获得了普遍认可，并且体现在更为清晰而确定的形式中，在建筑师群体扩展 "新的方向" 时，荷兰也将目光投向其中。

建筑师全力以赴地推行 "运动"，这体现在他们的一些晚期作品中（图40—图55）。虽然这些作品有时一目了然，有时过度概括，有时过分强调构造，但都展示出一幅幅新鲜生动的画面。

我们不要高兴得太早！随着 "国际主义建筑" 的驱动力越来越多地来自绘画、雕塑等自由艺术，而不是真实的建筑，人们也开始在原本骨子里十分健康的荷兰建筑新流派中竭力追求一种浪漫主义，我们从中嗅不到一丝真正的革新气息。

毫无疑问，这种国际化趋势目前已经大部分从既定的美学观念中解放出来，为循序渐进的深入发展提供了更多保障。而荷兰人的身体中流淌着浪漫主义的血液，其中的缘由我们目前尚不清楚，但健康的建筑或许仍然可以在荷兰再次迅速发展起来。

我们致以最衷心的祝福！

图40 博林克曼（Brinkmann）和L.C.凡·德·弗洛格特，"凡·内勒（van Nelle）"工厂设计方案，鹿特丹，1925/1926年

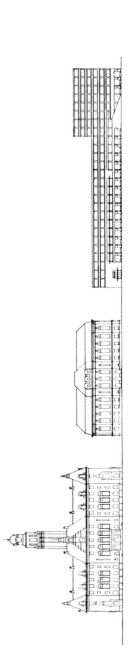

图41 J.J.P.奥德，证券交易所概念设计，表现在库弗格街道全貌中，
鹿特丹，1926年

图42　J.J.P.奥德，证券交易所概念设计，鹿特丹，1926年

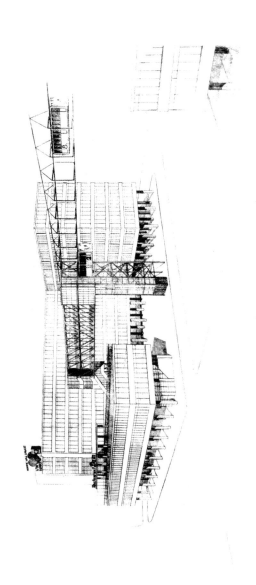

图43　M. 斯塔姆（M. Stam），水坝构筑物（建有缆车车站）方案设计，阿姆斯特丹，1926年

图44 B.毕吉伯（B.Bijvoet）和J.杜依克（J.Duiker），"Zonnestraal"疗养院，希尔弗瑟姆（Hilversum），1927年

图45 J.J.P.奥德，联排别墅，斯图加特，1927年

图46 J.J.P.奥德，联排别墅（客厅），斯图加特，1927年

图47　M.斯塔姆，联排别墅，斯图加特，1927年

图48 M.斯塔姆，联排别墅(客厅)，斯图加特，1927年

图49、图50　S.凡·拉夫斯滕（S. van Ravesteijn），
鹿特丹费耶诺德区货运火车站管理处，1927年

图51 S.凡·拉夫斯滕，
鹿特丹费耶那诺德诺德区货运火车站管理处（室内），1927年

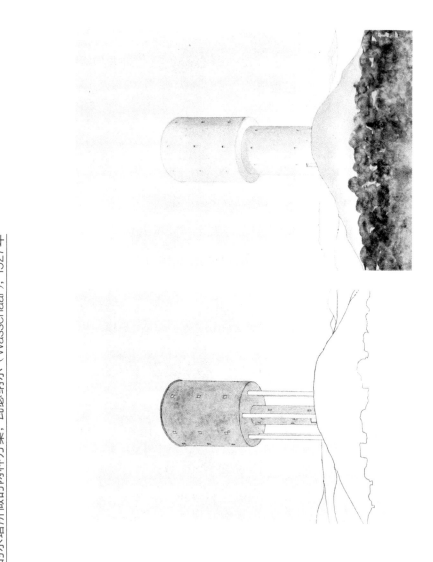

图52、图53　C.凡·埃斯特恩和工程师G.让克海德（G. Jonkheid）、为沙丘上的水塔所做的两种方案，瓦瑟纳尔（Wassenaar），1927年

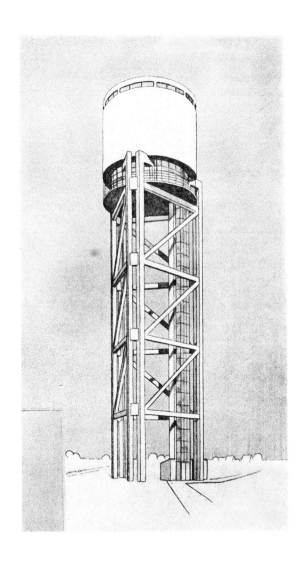

图54、图55　M.斯塔姆，水塔方案设计，1927年

弗兰克·劳埃德·赖特对欧洲建筑的影响

虽然我相信，在涉及同时代的或者离我们很近的人物时，任何艺术评价都有其偏颇之处，但由于弗兰克·劳埃德·赖特（Frank Lloyd Wright）的设计如此出众，我可以充满信心地将他尊为这个时代最伟大的建筑师，而不必担心遭到后世的反对。

他的作品在建筑艺术层面上浑然一体，他的"无风格"正是19世纪现代风格的体现，一种统一的理念主导全局，深入细节，他的创作不受表达方式和发展路线的限制。这样的建筑师几乎是独一无二的。

从这个时代最优秀的作品中，我们一般都能体会到它的形成和发展过程，而赖特的作品不需要借助任何东西，就能强烈地表现出一种创作的精神张力。这种控制物质世界的天赋令人惊艳，我尊敬赖特，也是因为他的设计过程对我来说是完全陌生而神秘的。

虽然在我眼中，赖特对欧洲建筑的重要甚至巨大的影响不一定是有益的，但我的敬意丝毫不减，而且这份敬意在发展和变化中体现得十分强烈。

在他的影响下，"赖特学派"在美国西部地区成立了。赖特本人曾经对此发表过悲观的看法，他郁闷地发现，那些自己为了实现建筑理念所采用的形式似乎比理念本身更具吸引力。由于这些理念旨在实现功能而非形式，所以他认为这个问题将会在整体上阻碍建筑的发展。

我将这种阻碍看作一种精神影响，这正是赖特的罕见才能跨越大洋，对欧洲建筑所产生的影响。在上一代建筑师过于保守而稳定的理念形成之后，欧洲建筑艺术在过去十年间陷入混乱，原有的秩序迅速发展为令人困扰的难题，此时只要人们深入了解赖特的作品，就一定能从中获得启发。他的作品摆脱了旧时代的繁文缛节，形式陌生但清晰明了，主题简单却引人入胜，很快赢得了人们的信任。

那些仿佛和地板浑然一体的体块堆砌得如此牢固，那些仿佛飞驰在膜布上的组件穿插交融得如此自然，在那些游戏般轻松排布的空间中我们行动得如此自如，赖特形式语言的必要性在此不容置疑。我们很快认识到，他在这里通过这个时代能够实现的唯一方式对合理和舒适做了一次漂亮的整合。赖特扮演了艺术家和先知的角色，实现了我们追寻已久的、兼顾群体追求和个人成就的完美形式，终于第一次在个体差异中找到了共同性。除此之外，值得注意的是，在那些施工技艺不够精湛的地区，赖特使用的建筑方式基本保证了可靠而鲜明的建成效果。

于是这位建筑先驱充满热情地在荷兰、德国、捷克斯洛伐克、法国、比利时、波兰、罗马尼亚等地留下了许多天才之作。移动的平面、飞挑的屋板和房檐，不断打破又接续向前的体块，强烈的水平发展趋势——赖特作品的特质随着时间的推移逐渐清晰，带着他的创作精神来到我们的世界，成为欧洲现代建筑工业的重要标志。

批评家常常错误地认为这些建筑特点完全来源于赖特一个人，这个误会没有得到我们足够的重视（正是这种误会让我们高估了赖特对欧洲建筑产生的影响）。彼时对赖特作品的神化在大洋此岸达到高潮，欧洲建筑自身也逐渐酝酿成熟，于是立体主义的建筑便诞生了！

正如赖特一样，立体主义为形成具有特色的建筑形式做出了重要贡献，这些形式也体现在赖特引发的欧洲建筑风潮中。我们可以从中推断，这股风潮本身是两种影响混合作用的产物，令人失望的是它常常表现为一种形式主义，而非对本质的追求。令人彻底失望的是，立体主义流派原本对建筑的未来具有重要意义，而这股风潮却阻碍了立体主义的发展。除此之外，赖特本人最终追求的是一种思想流派，而不是表面上的义务奉献，虽然人们对他的效仿是对这种奉献的无声赞美。

在认清引发这些现象的原因之后，我们把对立体主义的追求看作对赖特影响力的一种补充，显而易见，其作品的魅力在很大程度上为立体主义铺平了道路——这是命运的玩笑，建筑蛊惑人心的魔笛激发着人们的情绪，同时又扰乱了欧洲建筑刚刚出现的和谐音符。而这种负面的后果也是赖特本人的意愿，即使他的作品有时和其本意背道而驰（他通过文字表达了自己的本意）。

赖特所向往的，是建立在时代的需求和潜力上的建筑，在经济合理性、群体普及性、社会审美需求等条件下产生的牢固、紧凑而精确的形式，且具有一定的简洁性和规律性。他所希望的，是通过立体主义产生积极的成果，而他天才的想象力却拍打着翅膀，令他和这个目标渐行渐远。

我们必须清楚地认识到，建筑中的立体主义与赖特毫无关系，它以类似于绘画以及雕塑的方式完全独立自主地成形，追求内心的渴望，并从绘画和雕塑中获得力量。

除了外表上肤浅地相似以外，立体主义和赖特的作品之间或许有微弱的内部联系，虽然它们本质上完全不同，甚至互相对立。这些内部联系或许值得深入探究，寻找其中的蛛丝马迹，在赖特的作品中也曾出现过一些与此相关的雕刻纹样。

二者的共同之处体现为对直角和立体形式的偏爱和对建筑体的解构和重组。总而言之，它们追求的是将被拆解的零件重新组合成一个整体，但从外形上还能辨认出原本的各个部件。它们同样还有着对新材料、新科技、新构造的应用，以及对新挑战的关注。

然而，赖特作品中热情奔放的造型和丰富的感官刺激在立体主义这里暂时只是一种清教徒的苦修、精神的克制。赖特的作品源于对生命的内涵的认识，它逐渐进化、繁荣，最终只能适应美国式的"上流生活"，而欧洲建筑却回归为一种滋养理想、包罗万象的抽象世界。

如果说赖特实际上更像一位艺术家，而不是先知，那么立体主义则更加行动派地将理论付诸实践。

建筑理念经历了三十多年的改革，又像文艺复兴一样重新回归原始，说来令人羞涩，这种原始性仿佛青春期般强烈。

和自由"艺术"一样，建筑艺术也有过渡时期。在这个时期，旧的系统解除，新的秩序建立：我们重塑构造的定义和关系的性质，提升它们的水准；我们重新认识线的基本内涵和近乎沉闷的严肃形式，并进行深入的研究；我们重新理解并探究实体和空间的意义。当立体主义顺利地推进早期的创新成果，侧重于表达更为广阔且真实的生命活力中直接而强大的张力时，建筑艺术却在经历多个发展时期后，还将独立的生命暂时局限为一种灵巧动人、技艺精湛的良好品位。

所以立体主义既是一种反思又是一个开端，它将责任交付给未来，而上一代建筑师却放任自己，逃脱责任，寄生在过去。在带有一丝不经意的、浪漫的反叛式追求中，它开启了一种新的综合形式，一种脱离历史典故的新古典主义。

先驱们在立体主义中追求数量和尺度，纯度和秩序，规律和重复，完美和圆满；认识现代生活、科技、交通、卫生的作用规律；深入探索社会创造、经济关系、批量生产方式的本质。

可悲的是，赖特长期以来强力推行的理念被对其作品的误解所伤，他痛苦地承受着追随者肤浅的装腔作势。在赖特这里，建筑师的思想已经发展为一种传教士的意识，而我们对此保持淡然。淡然，是因为他的优秀成果；淡然，是因为他的创作根基真实可靠，而且不受美学定式的干扰；淡然，是因为生命没有在僵化中变质，并且正在逐渐摆脱理论的条条框框。

不过，理论作为生活的基础具有极高的价值，它对这个时代而言更是必不可少，因为我们尚未建立起任何美学标准和传统根基。新的建筑艺术为追求目标所做的努力还不够持久，但只要值得，我们便愿意为这种必要的麻烦付出代价。

像赖特一样，我们不必过分苛责他的信徒，毕竟对其作品的延伸发展和人们所谓的从作品中"获得启发"还是有所区别的。

模仿同时代建筑师的作品就像仿造希腊柱式一样糟糕。对现代主义先驱的模仿甚至比学院派建筑对理性主义建筑发展所造成的阻碍更大。因为包裹这些作品的二手表皮利用时髦的形式和有机的姿态避开了关于建筑纯粹性的争论，而这正是学院派进行开放性学术争论的前沿地带。如果说有什么会导

致新建筑的未来 "堕落" 的话，便是这种半吊子建筑，它比公开的抄袭更为可怕，因为它毫无个性可言。

写于1925年

是与否：
一个建筑师的自述*

*出自《欧洲》年鉴，Gustav Kiepenheuer 出版社，波茨坦，1925年。

关于技术
（建筑中的"机械浪漫主义"）

我在技术的奇迹面前屈膝敬拜，但我并不认为一艘轮船可以
和帕特农神庙相提并论。

我可能为汽车那近乎完美的线条而感动，但飞机在我眼中仍
然显得十分笨拙。

我渴望有一座房子可以满足我对舒适的所有要求，但房子对
我而言不只是一台供居住的机器。

我厌恶模仿哥特教堂形式的铁路桥，而某些著名工业建筑的
"功能建筑学"在我看来也是偷窃得来的。

我希望乔托（Giotto）设计的教堂塔楼不会成为现代建筑的
模仿对象，但也梦想将来能够出现比埃菲尔铁塔更为美丽的
高塔。

我可以理解美式筒仓为何能成为现代建筑的范例，但我仍然
扪心自问，建筑中的艺术到底隐藏在哪里。

我认为，艺术家应该为机器服务，我也知道，机器应当成为
艺术的仆人。

我对通过机器生产可能实现的精致建筑怀有最美好的期待，但我也担心，对机器的盲目崇拜将会令人重蹈覆辙。

关于类比

我很高兴可以在这个不再崇尚工作的时代利用技术创造外形完美、功能可靠的形式，但令我气愤的是，某些艺术家的作品虽然推崇这种形式，却流于做作和肤浅。

关于类型化

我期待从类型化的建筑构件中提炼出可以形成风格的形式，但那些预先批量生产的标准房屋似乎很难适应大城市的整体面貌。

关于材料

我认为，这个时代的建筑理念无法适应我们现在使用的材料，但我也相信，现有的材料还未能匹配现代建筑艺术发展的高度。

关于手法

我喜欢使用四边形，避免做无意义的装饰，但也认为没有必要在新建筑中拒绝圆形。

关于形式

我理解艺术解放（解构）时期对非对称形式的追求，却不明白，为何艺术的建设（构造）时期不能以对称形式作为表现方式。

关于宣传

我意识到我们有必要以偏激的态度来宣传新的思想，但无法想象，不经过对生命的全面了解，如何产生新的风格。

关于现代艺术

我可能在观看某一件现代艺术作品时激动得发抖，但并不十分确定，这到底是因为现代，还是因为艺术。

关于新风格

我毫无保留地支持现代艺术，新的风格将形成于它活跃而长期的探索中。但我也梦想着现代艺术中打破旧秩序的力量和建立新世界的能力一样强大。

关于理性主义

学校教育我，理性主义建筑师应以构造为重，但对我而言，关注功能的建筑师才是真正的理性主义者。

我确信，新的建筑艺术只能建立在理性法则的基础上，而理性主义又与艺术相对立。

关于真实性

我原先认为真实性是这个时代艺术的试金石，后来我有了更深的理解，新艺术的本质更在于其清晰性。

关于颜色

*本段文字已经收录在《是与否》格言集中，最终没有在《欧洲》年鉴中发表。
新兴建筑艺术最初从绘画和绘画实验中获益良多：当时（1925年）这段言论本应起到一定的帮助作用，阻止这个仓促短暂但又必然发生的情况的进一步发展。
如今我们可以公开表示，在新的建筑艺术中，画家不必再像几年前那样反抗其他工种的霸权。

我原先幻想着绘画艺术发展到图像和空间可以互相转化的程度，但却失望地发现，它只是从画板上的图画变成了画板中的空间。

我认为在建筑设计中，画家的地位和建筑师一样重要，但却惊讶地发现建筑作品的创作主要受到美学设计的支配，尽管雕塑家、铁匠、木工等角色应该在工作中享有平等的地位。

我致力于在建筑中激活色彩，但我也认同一种说法，那就是过多的颜色不会令建筑多彩，而只会让它变得花哨。*

总而言之

我热爱开拓者们摧枯拉朽般的冲击力，但我也知道，美只能通过对自我的专注来获得。

写于1925年

新建筑走向何方：艺术和标准*

*出自《新苏黎世报》9.Ⅸ，1927年。

他们请我对"新建筑走向何方：艺术和标准"这个主题发表一些看法。这实在不是一个容易的主题，我可没有勇气回答一些空泛的大话。

我的一位著名的俄罗斯画家兼建筑师朋友曾经在信中这样对我说："我们认真负责地工作，关注细枝末节，为完成目标完全奉献自我，不以艺术为导向，于是你看，有朝一日工作终于完成，而它就是——艺术！"

对我来说，建筑也是一样。我不知道，未来世界是否只受标准控制（但没有标准肯定会失去控制！）；我不知道，未来除了建筑之外是否还存在艺术；我不知道——坦白说——也不感兴趣。我以正直的态度对待自己的工作，也就是说，我不会为数百年前的品位以及世世代代的过客和参观者牺牲业主的舒适感和金钱。我只是想要设计一座可靠的好房子，供人舒适地使用。

我并不是理想主义者，我任凭保守主义者在工作中固守死板的形式，自己则更乐于遵循生活的本性，并热爱它——或美丽或丑陋，但总是鲜活地生活。我任由生活像往常一样流动，希望它能不被离经叛道的梦想家令人疲倦的欲望所打扰。

我对迈耶先生充满敬佩，他如此深入地贯彻理想主义，甚至连扶手椅上的狮头等各种装饰物都需要另请女工打理。我的心中却熊熊燃烧着对普通斜屋顶的热情，因为我无法出于同样的理想主义接受种种不实用的设计。虽然我无法表示认同，但在唯物主义（Materialismus）的今天，我懂得珍惜这种无私精神，并不断地从理想主义中获得快乐，即使它有时就像这里所说的一样适得其反。

我希望人们在我设计的住宅中舒适地生活，必要时可以为此牺牲理想主义。人们可以在此安身，享受良好的光线和空气，一切理应如此简单。

但我并不支持一刀切的标准，因为在标准之外还存在着更多的重要因素，而在强制性的标准中也应体现出事物本质上的活力。不过标准产品有着诸多好处，它价格便宜而且品质良好，还能不断改进升级。比起独立制作的产品，标准化的门窗和桌椅更好用，工艺更成熟，出品也更稳定可靠。我应当向我的业主隐瞒这些优点吗？

事物的自然本质拥有合理的独立自主性。它功能健全，永远以最佳方式运行。它让我们实现了标准化。我们应该冒失地反对它吗？

我并非理想主义者，我选择的是自然母亲为我展现的最好走的路：我利用并且学习一切受到自然力量驱动的事物。

这些会变成建筑或者艺术吗？我们一定要从中得出什么结论吗？

让我们放宽心吧！让我们暂时将艺术留给瞻前顾后的理想主义者们：本土艺术和本土保护，商业艺术和民族艺术。它们固执的爱已经为自己带来了这么多的麻烦！

让我们善待自己！谁知道会不会有一天我们也能创造出艺术来呢——我想起了我的朋友，那位俄罗斯同行。

写于1927年

注　释

1.斯图加特（Stuttgart）是德国巴登符腾州（Bundesland Baden-Württem-berg）首府。此处提及的是包括作者本人及功能主义建筑师马特·史坦（Mart Stam）在内的几位荷兰建筑师在斯图加特的"白院聚落"（Weissenhof Siedlung）建筑群中的作品。白院聚落诞生于1927年，由33栋方方正正的平顶现代住宅组成，是由德意志建筑联盟（Deutscher Werkbund）主办，德国建筑师路德维希·密斯·凡·德罗（Ludwig Mies van der Rohe）领导下举办的"住宅"展览会的成果。密斯邀请了17位"现代主义运动的代表人物"设计这些住宅，其中勒·柯布西耶（Le Corbusier）的两件作品已被列入世界遗产名录。

2.P.J.H.库贝（1827—1921），荷兰建筑师，历史主义（Historismus）最重要的代表人物之一。其主要代表作为阿姆斯特丹中央车站和阿姆斯特丹国家博物馆，此外他还参与设计了多座教堂，修复了大量建筑遗址。

3.此处的风格建筑（Stil-Architektur）不同于1917年于荷兰兴起的风格派运动（De Stijl），指的是简单粗暴地套用风格样式进行设计的建筑。而风格派运动追求纯粹和抽象，使用几何元素和原色进行设计。作者本人也是风格派运动奠基人之一。

4.维奥莱·勒·杜克（1814—1879），法国建筑师、遗产保护学者与艺术理论家，修复了包含巴黎圣母院大教堂在内的诸多中世纪建筑，对中世纪建筑有深入研究。

5.H.P.贝尔拉格（1856—1934），荷兰建筑师，是荷兰建筑由历史主义向现代主义转型阶段的代表人物。代表作为阿姆斯特丹证券交易所。

6.戈特弗里德·森佩尔（1803—1879），德国建筑师、艺术评论家，历史主义代表人物之一。

7.弗兰克·劳埃德·赖特（1867—1959），美国建筑师、室内设计师、作家、艺术理论家。他提出了"有机建筑"理论，开创了称为草原学派的建筑风格，多件作品收入世界文化遗产名录。

图书在版编目（CIP）数据

J.J.P.奥德谈荷兰建筑 / (荷) J.J.P.奥德(J.J.P.Oud) 著；
刘忆译.-- 重庆：重庆大学出版社,2019.8
ISBN 978-7-5689-1510-6
Ⅰ.①J… Ⅱ.①J…②刘… Ⅲ.①建筑艺术－研究－荷兰
Ⅳ.①TU-865.63
中国版本图书馆CIP数据核字（2019）第025986号

J.J.P.奥德谈荷兰建筑
J.J.P.AODE TAN HELAN JIANZHU
［荷兰］J.J.P.奥德　著
刘忆　译

责任编辑　李佳熙　　装帧设计　刘　伟
责任校对　刘志刚　　责任印制　张　策

重庆大学出版社出版发行
出版人：饶帮华
社址：（401331）重庆市沙坪坝区大学城西路21号
网址：http://www.cqup.com.cn
印刷：天津图文方嘉印刷有限公司

开本：880mm×1240mm　1/32　印张：3.75　字数：71千
2019年8月第1版　　2019年8月第1次印刷
ISBN 978-7-5689-1510-6　　定价：38.00元